Hana Chebaani
Nora Abid

Controlo da traça-das-tâmaras

Hana Chebaani
Nora Abid

Controlo da traça-das-tâmaras

Utilização de Bacillus thuriengiensis e Diflubenzuron contra as larvas da traça-das-tâmaras

ScienciaScripts

Imprint
Any brand names and product names mentioned in this book are subject to trademark, brand or patent protection and are trademarks or registered trademarks of their respective holders. The use of brand names, product names, common names, trade names, product descriptions etc. even without a particular marking in this work is in no way to be construed to mean that such names may be regarded as unrestricted in respect of trademark and brand protection legislation and could thus be used by anyone.

Cover image: www.ingimage.com

This book is a translation from the original published under ISBN 978-620-6-71781-2.

Publisher:
Sciencia Scripts
is a trademark of
Dodo Books Indian Ocean Ltd. and OmniScriptum S.R.L publishing group

120 High Road, East Finchley, London, N2 9ED, United Kingdom
Str. Armeneasca 28/1, office 1, Chisinau MD-2012, Republic of Moldova, Europe
Printed at: see last page
ISBN: 978-620-7-92429-5

INTRODUÇÃO

O A tamareira é a árvore frutífera por excelência do deserto do Saara onde ele joga A papel de uma vez A papel econômico graça para o Produção do datas Quem rico em nutrientes, fornece uma infinidade de produtos secundários, e um papel ecológico, pois dá estrutura ao oásis. Lá área do Palmeiras argelinas É estimado tem 101.820 Ha (1,2% de lá SAU) com uma força de trabalho de 12.035.650 palmeiras e uma produção de 253.320 toneladas de todas as variedades combinadas, localizadas principalmente em O wilaya de Biskra e El-Oued. Lá a produção da variedade Deglet Nour é estimada em 97.940 toneladas (38,66%), a da variedade Ghars tem 34.630 toneladas (13,67%) E Finalmente O outros variedades, afetar o 120.750 toneladas (47,66%) (ANONNYMOUS, 2003) No entanto, este potencial fenicicole ficar muito frágil contra alguns doenças e pragas formidáveis (IDDER, 1984). Cerca de cinquenta espécies atacam a tamareira e seus produtos, a maioria pertencente à classe dos insetos. Alguns se alimentam da seiva, outros a consomem. nadadeiras e a bebida, Finalmente outro se desenvolver em custos do flores e frutas verdes, maduras ou armazenadas. Ele Este é Oligonichus afrasiaticus , Parlatória blanchardi e a mariposa do datas (Ectomeelose ceratoniae). Lá mariposa de lá data Ectomeelóide ceratonia Zeller, Isso é A lepidópteros Quem causas dos problemas recorrente Em O parcelas de tamareira em O solicitar e em Argélia. As tâmaras separam-se facilmente do cacho e perdem-se para a colheita. Aqueles infestado são depreciado tem causa de lá presença de caroços excremento e muitas vezes do larvas (ANÔNIMO ,1992). O perdas devido para ataques de lá mariposa do datas são Estimado entre 10 tem 40% em campo e pode chegar a 40% ou mais em estoque (ANÔNIMO, 2005). Como parte de uma melhor gestão das pragas da tamareira, mais particularmente da mariposa do datas, Nós ter porta nosso infestações de um abordagem comparativa do controle biológico e químico com vistas a melhor compreender as atividades biológicas desses produtos testados. O objetivo de este livro de memórias Leste melhorar O conhecimento lutar orgânico com Bacillus thuringiensis e a luta químico com A regulador de crescimento diflubenzeron e tentamos experimentar estes últimos produtos contra o estágio larval L3 da mariposa. Para alcance o objetivos, nós ter organizado Esse trabalhar em dois peças teórico e prático.

- A papel teórico Quem entenda o dados bibliográfico no mariposa datas, bem como alguns dados sobre o entomopatógeno
Bacilo thuringiensis E o inseticida usado Em nosso testes.

- A papel experimental das quais qual Nós ter abordado O material usado E metodologia adotado, o resultados e discussão são tratados no durar papel e finalmente uma conclusão geral.

CAPÍTULO I

DATA MOÇA

1. Histórico E distribuição geográfico

Ectomeelóide ceratoniae Zeller é um Lepidoptera Pyralidae . É comumente chamada de mariposa da alfarroba no Norte da África. A espécie foi descrita em 1839 por Zeller. (AGENJO, 1959) Citado por (DOUNANDJI, Mil novecentos e oitenta e um). De acordo com LEBERRE (1978), o SENHOR WALSINGHAM, destacou a presença de Ectomyelois ceratoniae Zeller em datas argelinas de 1904, enquanto JACOBS notou sua presença em datas do Oriente Médio em 1933. As áreas de distribuição de Ectomyelois ceratonia no mundo correspondem a três tipos diferentes de clima : tropical, mediterrâneo e continental, (DOUMANDJI, 1981). Assim, este lepidóptero comum e cosmopolita E provavelmente encontrados em qualquer lugar do mundo. Sendo ecologicamente euritérmica , a sua área de distribuição é muito vasta, estendendo-se desde os 30 graus de latitude sul até aos 50 graus de latitude norte. (LEPIGRE, 1963 e BALACHOWSKY, 1972). Na Argélia, esta praga relatou duas áreas de multiplicação de Ectomyelois ceratoniae . A primeira, uma fronteira costeira com 40 a 80 quilómetros de largura, estendendo-se por quase 1000 quilómetros. O segundo consiste em todos os oásis, dos quais os mais importantes estão localizados ao sudeste. Nos planaltos, este lepidóptero parece no máximo ausente, ainda consegue descer para o norte de Médéa e Constantina a poucos quilómetros destas cidades (DOUMANDJI.1981).

2. Sistemático

De acordo com GORDO (1951), Ectomeelóide ceratonia pertence a: Filo: Arthropoda Below Filo: Mandibulados Classe: Insecta Grande ordem: Ordem Mecopteróides : LepidopteraAbaixo ordem : Divisões Heteronera : Grupo Dtrysians : Heterocera Super família: Família Pyraloidea : Pyralidea Abaixo família: Phycitinae Gênero: Espécies de Ectomeelose : Ectomeelóide ceratonia

3. Morfologia

3.1. O ovo

O ovo tem formato oval cuja maior dimensão é de 0,6 a 0,8 mm , está cercado por a cutícula translúcido (DOUMANDJI, Mil novecentos e oitenta e um), ele é de cor branca claro ao botar ovos adquire coloração rosada, se for fértil (DHOUIBI e JARRAYA, 1988).

Figura 1 : Ovos de Ectomeelóide ceratonia (Foto Uma aposta E Chebaani) (ampliação X40).

3.2. Larva

A larva é polífaga, de formato eruciforme . É inteiramente rosa ou branco amarelado, com cabeça Marrom, (DOUMANDJI, Mil novecentos e oitenta e um) E DOUMANDJI-MITICHE ,1977). Contudo DHOUIBI (1989) observou que a cor da larva é vermelho amarelado após a eclosão, Para tornar-se AMARELO rosado por lá seguindo, No durar estádio, lá cor de lá larva é influenciada pela sua comida. As lagartas que se alimentam de tâmaras são de cor rosa escuro, enquanto as que se alimentam de pistache e granadas são na cor rosa claro para amarelar. Se a comida está contaminada por molde (fungos saprófitos, casos do romãs para o colheita). O trato digestivo parece preto. À medida que a pupação se aproxima, a intensidade da cor diminui e as larvas tornam-se amareladas. A cor da cápsula cefálica, todos O estádios é marrom claro na hora de muda e fica uniformemente vermelho escuro após . Deles corpo E constituído de 12 segmento tem deixar de segmento cefálico, os segmentos torácicos carregam os três pares de pernas que andam e os segmentos abdominais apresente os quatro pares de pernas falsas ou ventosas (SAGGOU, 2001). O crescimento ocorre através de mudas sucessivas durante as quais o comprimento das faixas aumenta. O comprimento alcançado é de 18 mm com largura entre 0,1 e 0,3 mm (LEBERRE, 1978). Existem cinco estágios larvais que diferem entre si em tamanho, tamanho da cápsula cefálica (DHOUIBI e JARRAYA, 1988).

Figura 2: Larva de Ectomeelóide ceratonia (Foto Uma aposta E Chebaani) (ampliação de 25x).

Fêmea Macho

Figura 3: Larva fêmea e masculino auto Ectomeelóide ceratonia (Foto Uma aposta E Chebani) (ampliação de 25x)

3.3. Crisálida (ninfa)

A ninfa mede 9 a 11 mm de comprimento (DHOUIBI, 1991), e possui corpo em formato cilíndrico-cônico (DOUMANDJI, 1981). Seu envoltório quitinoso marrom testáceo é circundado por uma bainha de seda frouxa tecida pela lagarta antes de sua muda ninfal (LEBERRE, 1978). Apresenta um dimorfismo sexual relativo à localização do orifício genital virtual (8° esternite em mulheres e 9° no homem), caracterizado pela presença de sete pares de espinhos nos primeiros sete segmentos abdominais e dois ganchos na extremidade abdominal (enrolados para baixo). O protórax é rugoso com quilha midodorsal irregular , caracterizando a pupa de Ectomyelois ceratoniae (DHOUIBI e JARRAYA, 1988).

3.4. Adulto

O adulto da mariposa é uma pequena borboleta com atividade crepuscular e noturna, é de cor cinza claro. As asas dianteiras são decoradas com desenhos mais ou menos marcados e são relativamente estreitas; alargando-se ligeiramente no final. As asas posteriores são uniformemente pálidas e delimitadas por uma fileira sedosa esbranquiçada. As fêmeas têm envergadura maior que os machos: o comprimento do corpo varia de 6 a 12 mm, envergadura de 16 a 22 mm (BEN AYED, 2006). O dimorfismo sexual é muito nítido ao nível da extremidade posterior do abdómen, facilitando assim o reconhecimento dos sexos a olho nu na fêmea, existe ao nível da extremidade abdominal uma pequena depressão relativamente escura de onde emerge intermitentemente um órgão esclerotizado e retrátil correspondente ao ovipositor. Ele é fusiforme e termina com um apêndice peludo de cor clara, correspondente a papilas anais, ao final das quais se abre o orifício de postura dos ovos: este é o Ostium oviductum . No homem, ao nível do quadro genital duas válvulas são visíveis externamente e que permitem facilmente adultos sexuais (DHOUIBI, 1989).

Figura 4 : Adulto de Ectomeelóide ceratonia (Foto Uma aposta e Chebaani) (ampliação X25).

4. Ciclo biológico

Ectomeelóide ceratoniae é um microlepidóptero, que completa seu ciclo biológico através da passagem de diferentes estágios: ovo, lagarta, ninfa, adulto. O emergências ter lugar Em lá primeiro papel de lá noite. De acordo com (WERTHEIMER ,1958), citado por (IDDER, 1984). As borboletas acasalam ao ar livre ou mesmo dentro do recinto onde nasceram. A cópula relativamente longa dura várias horas e um único acasalamento é suficiente para a oviposição. Uma fêmea põe de 60 a 120 ovos dispostos individualmente ou em pequenos grupos soltos. O tempo de incubação dos ovos varia entre 3 e 7 dias dependendo da temperatura. Agora mesmo após a eclosão, a lagarta procura comida e um abrigo. Ela treina buracos e oco a galeria e localiza entre a polpa e núcleo (VILARDIBO, 1975). Segundo (WERTHEIMER, 1958) citado por (IDDER, 1984), na maioria das vezes a lagarta autor tece dele um casulo com malhas muito soltas que pode sair rapidamente para a frente ou para trás assim que for perturbada, ou simplesmente para se alimentar, esta é a antiga fase da lagarta de inverno que constitui a fase de repouso ou espera. Durante esse período, as funções nutricionais e motoras ficam mais lentas. O crescimento das lagartas em função da temperatura ambiente varia de 6 semanas a 8 meses (VILARDIBO, 1975). Lá crisálida se acalma Em lá data, lá cabeça sempre percorrer em direção a O buraco comunicação com o mundo exterior (IDDER, 1984). De acordo com (LEPIGRE, 1963), lá pupação tem a período indeterminado. A imagem que resulta em uma vida útil de 3 a 5 dias durante o qual ele acasalará e botará ovos.

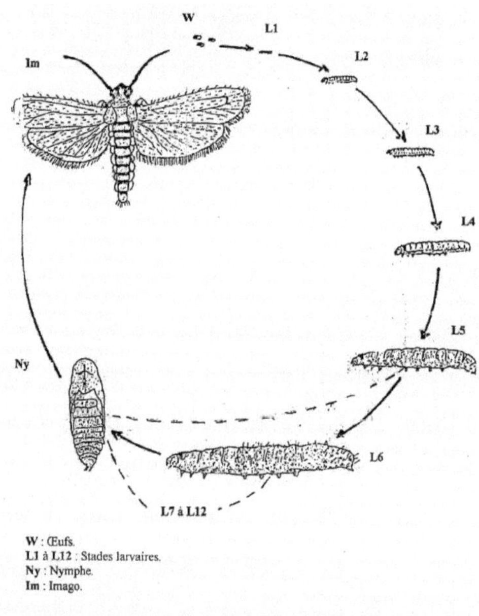

Figura 5: Ciclo biologia da mariposa (DOUMANDJI , 1983).

5. Número de geração

Ectomeelóide ceratoniae é uma espécie polivoltina, na qual, em boas condições, quatro gerações podem se suceder durante o ano. Mas na verdade esse número de gerações varia de 1 a 4 dependendo das condições climáticas e das plantas hospedeiras (DOUMANDJI, 1981). De acordo com (LEPIGRE, 1963) primeiro saída do adultos spreads de o fim Marchar no meio abril .

➢ O segundo começa O 15 de junho E se continuou para arredores de 20 de agosto.

➢ O terceiro voo estende do últimos dias de agosto até no final Outubro, início de novembro: esta é a geração mais formidável e responsável pelos principais danos às datas.

➢ O quarto voo intervém em lá FIM de Novembro. Esse geração restrição é sobreposto no tempo ao terceiro.

Tabela 1: Número de gerações de Ectomeelose ceratonia (WERTHEIMER, 1975)

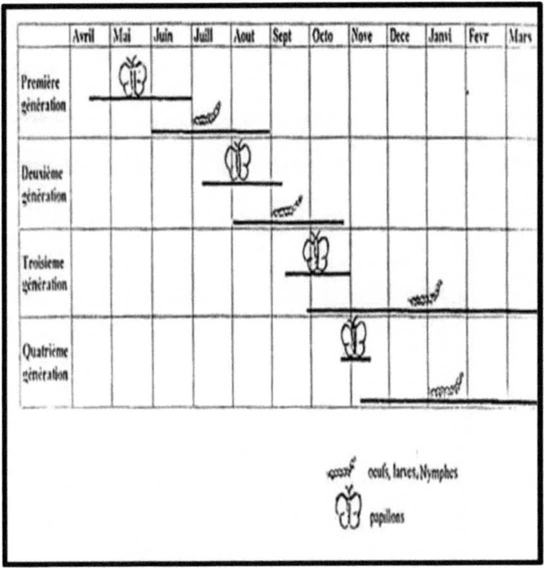

6. Plantas anfitriões

Ectomeelóide ceratonia é um espécies muito polífago, ela também mora BOM em frutas maduros ou próximos da maturidade, como em frutas secas armazenadas em armazéns e lojas (BEN AYED,2006). (DOUMANDJI, 1981) relata 49 espécies de plantas hospedeiras no mundo, 32 na Argélia incluindo 25 em Mitidja . As principais plantas hospedeiras na Argélia são a alfarrobeira (Ceratonia siliqua. L) , O nêspera de Japão (Eriobotrya japonesa), a laranjeira (Citrino sinensis EU) , O romã (Punica granatum.L) e tamareiras (Phoenix dactylifera.L). Depois vêm as secundárias representadas por Acacia farnesiana , R'tem Retama bovei , depois as plantas ocasionais, citamos a amendoeira (Lote Prunus amygdalus), o damasco (Prunus armeniaca.L), a macieira (Malus pumila. Miller), figos (ficus carica .L).

7. Dano causado

De acordo com Bouka et al (2001) e ANONYMOUS (2005), perdas por ataques do mariposa do datas são estimado entre 10 tem 40% No campo e pode alcançar 40% Ou não está mais em estoque. As tâmaras atacadas separam-se facilmente do cacho e perdem-se para a colheita. Aqueles infestado são depreciados tem causa de lá presença caroços excremento e frequentemente larvas (ANÔNIMO, 1992). No estoque O datas pode ser completamente degradado até para núcleos pelo lagartas (BLACHOWSKY, 1972).

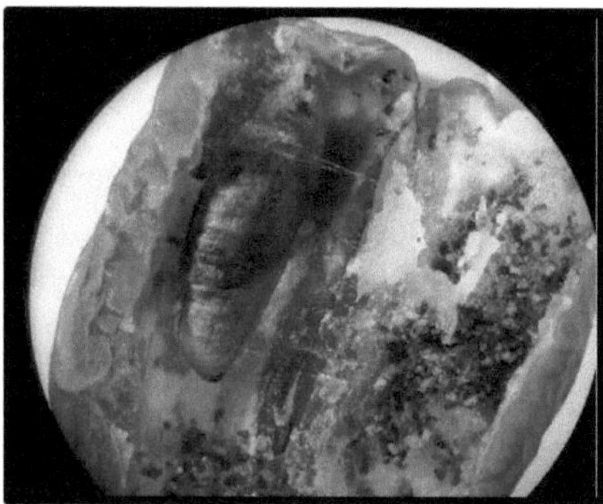

Figura 6 : Dano causado por de Ectomeelóide ceratonia no data (Foto Abid e Chebaani).

Figura 7: Dano causado por Ectomeelóide ceratonia em granadeiros (DHOUIBI , 1991)

8. Meios de luta

No contexto do desenvolvimento sustentável, e para alcançar mais fenicicultura respeitoso de o meio ambiente e de lá saúde humano, em visando reduzir o danos causados pela mariposa ao convocar uma luta fundamentada.

8.1. Luta cultural

Lá luta cultural constitui lá principal medir preventivo destinado a diminuir de nível da população de insetos, isso se traduz da seguinte forma:

- Escolher do desperdício do frutas anfitriões (granadas, damascos E datas...) E sua cremação Para garantir lá redução do fontes de comida e a destruição de locais de hibernação (DHOUIBI, 1989).
- Lá tamanho do Djeridas , do milho E do dietas Não colhido.
- Limpeza de dietas do datas E sequestro do fruta infestada do dietas.
- O ensacamento dos cachos é uma operação realizada regularmente todos os anos em oásis pode constituir uma solução eficaz que reduz as perdas causadas pela chuva e limita os ataques das traças das frutas (DHOUIBI, 2000).
- Tratamento do depósitos Antes O começo de lá campanha.

❖ Limpeza de local em O alinhavo com de lá Lima vida longa E em O tratando tem base de um inseticida.

8.2. Luta químico

Na Tunísia, desde 1974, o único meio utilizado contra a traça da alfarroba é o controlo químico. Isso pode ter reduzido as populações da praga que vive apenas nas tamareiras. Isto envolve garantir que os frutos sejam cobertos por um inseticida para envenenar o ovos e larvas jovens logo após a eclosão e antes de penetrarem no fruto (DHOUIBI, 2000). Sobre O plano económico, o tratamentos químico não tem dado grande satisfação desde que a taxa de infecção das tâmaras não seja desprezível quando sabemos que boa parte da colheita das tâmaras se destina à exportação o que exige um produto isento de doenças e de primeiro qualidade. Na Tunísia, o uso da Deltametrina permitiu reduzir a percentagem de infestações de 24 para 17%. Entre os demais inseticidas em pó utilizados estão MALATHION 2%, PARATHION 1,25% e PHASALON 4% (DHOUIBI, 1989). Atualmente, os produtos utilizados nas intervenções químicas realizadas pelos serviços do proteção Plantar nós citado em DIMILIN 2%, ASMIDON3%, o BROMOTO DE METILA E FOSFINA.

8.3. Luta Biológico

8.3.1. Usar insetos auxiliares

Os principais parasitas do Ectomyelois ceratoniae pertencem à ordem Hymenoptera que citamos:

- Trichogramma embrião Hartig : pertence à família Trichogammatidas , comprimento entre 0,33 mm e 0,63 mm caracterizado por corpo atarracado e coloração que varia do amarelo brilhante ao marrom escuro.
- É um ooparasita cujo desenvolvimento embrionário, laval e ninfal ocorre no

ovo hospedeiro. A imago sai cortando uma espécie de buraco com suas mandíbulas (IDDER, 1984).

• Bracon hebebetor Dizer: é um ectoparasita laval pertencente à família Braconidae, com 3 mm de comprimento, coloração amarelada com áreas pretas no protórax (DOUMANDJI-MITICHE e DOUMANDJI, 1993). A fêmea deste parasita morderá a lagarta hospedeira, paralisando-a.

Depois disso, o parasita fêmea depositará vários ovos no inseto. Todo o desenvolvimento larval do parasita ocorre no corpo do hospedeiro. Ao final de seu desenvolvimento, a larva parasita deixa os restos larvais para construir seu casulo. pupa não muito longe do hospedeiro.

• Fanerotoma Flavitestacea Fischer: é uma parasita ovo-larval pertence a a família Braconidae, a deitado se feito pela raiz do anfitrião, desenvolvimento larval de o parasita primeiro se desenvolve a partir do ovo depois, em diferentes estágios larvais da lagarta hospedeira (DOUMANDJI-MITICHE e DOUMANDJI, 1993).

8.3.2. Usar do microorganismos

Usar biopesticidas à base de bactérias têm a vantagem de serem muito específico, não tóxico para animais de sangue quente e outros predadores, parasitas e polinizadores, pois não possuem efeito fitotóxico. O primeiro bioinseticida, fabricado em escala industrial, é à base de Bacillus thuringiensis. O produto é aplicado por pulverização nas árvores da mesma forma que um inseticida após a ingestão, a bactéria atua sobre as larvas da mariposa no intestino médio, onde as frações tóxicas atacam as células epiteliais (DHOUIBI, 1991). São comercializados outros produtos à base de cogumelos, como o espinosade . É um produto natural, extraído da fermentação do actinomiceto (Sacharopolyspora spinosa), ele atua por contato entre outro, sobre O estádios larvas do lepidópteros. Eficiência deste produto foi testado contra a traça da tâmara na Tunísia (KHOUALDIA et al, 2001).

8.4. Luta biotecnologia

8.4.1. Lá Luta autocídio (O solte do insetos estéril)

A luta autocida ou genética contra a mariposa consiste na multiplicação massiva deste inseto no âmbito da criação artificial. Sua esterilidade é posteriormente induzida pelo uso de radiação gama (TIS), sendo então realizadas liberações em quantidades suficientes nos palmeirais dos oásis (DHOUIBI, 2000). A proporção de homens estéreis em relação a homens normais aumenta, desencadeando uma espécie de reação em cadeia, cuja eficácia aumenta de geração em geração. Os resultados obtidos no combate à tamareira são muito animadores (DHOUIBI, 2000).

8.4.2. Usar do Feromônios

Armadilhas de feromônios são usadas com o propósito de determinar as espécies de insetos-praga presentes em uma cultura, bem como para investigações adicionais ou medidas de protecção fitossanitária que pode ser necessário para evitar danos excessivos à colheita (ANÔNIMO, 2006). consiste tem desorientar os machos em difundindo-se na atmosfera de lá palmerais quantidades significativas de feromônios sexuais, impedindo assim o encontro dos sexos e consequentemente a sua reprodução que poderia ser promissora (DHOUIBI, 1989).

CAPÍTULO II
VISÃO GERAL DA CEPA ENTHOMOPATOGÊNICA E INSECTICIDA USADO

Introdução

Ele existir de muitos métodos de luta contra O doenças e a pragas pragas de culturas entre estes métodos de controle, controle biológico e controle químico. O prazo o controle biológico é reservado para métodos de controle que consiste em introduzir em a cultura A inimigo naturais, importados outro cultura Ou desde a criação massiva até o combate a uma praga bem identificada. A utilização de preparações à base de microrganismos como bactérias, vírus, fungos, chamado biopesticidas é qualificado de luta microfone- biológico (JERÔME E tudo, 2002). O estudos mais conclusivo são aqueles Quem ter bem-sucedido na configuração No ponto de baseado em preparação de bactérias das quais alguns são Hoje largamente transmissão, Isso é O caso notadamente preparações contendo Bacillus thuringiensis, são utilizadas contra diversas pragas (Pierre, 2002).

1. Histórico de usar do entomopatógenos em luta biológico

A ideia de atacar insetos nocivos introduzindo doenças em sua população desenvolvido para lá FIM de século durar (DOUMANDJI, E DOUMANDJI-MITICHE, 1993). Isso é em 1834 que o italiano BASSI Agostinho assistir experimentalmente que A muscardina do bicho-da-seda é causada por um fungo. Em 1865 PASTOR estudar o Pebrin e talento de minhoca tem seda. Lá Pebrin é um microrganismo transmitido pelo folhas amoreira contaminar Também pelo ovos arquivado por borboletas. Em 1874, PASTOR e a condado MANCENTE ter tive a ideia de combate do insetos nocivos através de doenças às quais são suscetíveis.O primeiro testes ter verão fatos por METCHNIKOFF em 1879, em Rússia. Ele usa o fungo muscardina verde (Metarrizium anisopliae) contra o besouro dos grãos e o gorgulho da beterraba. São produzidos 50 kg de esporos deste cogumelo. Há cerca de dez anos, entraram 2 fungos, 3 vírus e 4 bactérias Em O domínio de lá prático fitossanitário e são comercializados Em certos países (REMAUDIER, 1976) citado por (DOUMANDJI-MITICHE e DOUMANDJI, 1993), mas são encontradas múltiplas dificuldades ligadas à aquisição de conhecimentos básicos (identificação do patógeno, sua biologia, sua ecologia e sua especificidade) e à fabricação de o patógeno. Antes de usar esses germes, ele se revelado necessário de PENDÊNCIA O diagnóstico doenças e a identificação dos germes responsáveis. Devemos também isolar e cultivar os agentes patogênicos tenha certeza médio artificial tenha certeza do organismos vivendo. Finalmente, Nós deve garantir a segurança dos patógenos em relação aos vertebrados.

2. Em geral sobre O bactérias em luta biológico

O bactérias são organelas muito pequeno, de um pouco milésimos de mm, mais maiores que os vírus, eles são formados de um célula solteiro, embrulhado de uma membrana. Sua forma geral é variada, dando diferentes nomes a essas bactérias (LHOSTE, 1979) citado por (DOUMANDJI-MITICHE, DOUMANDJI, 1993):

- Vibrações: bactérias em forma vírgula .
- Espirila: bactérias em forma hélice.
- Bacilos: bactérias em forma de paus.

As bactérias são encontradas no solo, na água, no ar e no organismo dos seres vivos. PASTOR foi o primeiro a perceber a importância das doenças bacterianas no insetos e a possibilidade deles usar em luta contra OS insetos nocivos .

O bactérias incluir dois grupos distinto O bactérias formadores de esporos tendo uma resistência ou forma esporulada E bactérias não esporogênicas geralmente encontradas no trato digestivo e apresentando menor interesse prático que as formas esporogênicas devido à sua grande sensibilidade aos agentes externos, em especial à luz, à seca e ao contato com o ar (BALACHOWSKY, 1951).

3. O bactérias entomopatógenos

Bactérias entomopatógenos se geralmente encontrado em ordem do Eubacteries , e mais particularmente as Bacillaceae , Entrobacteriaceae , Famílias Micrococcaceae , Pseudomonaceae . Pertencem particularmente aos géneros Serratia e especialmente Bacillus com as 4 espécies agora bem conhecidas, Bacillus popilliae , B.moritai , Bacillus Sphaericus E Bacilo thuringiensis. isolado por ISHITAWA de um Reprodução de em direção a seda em 1905 no Japão, esta última foi esquecida e redescoberta em 1911 por Berliner na Turíngia, e ele exploração agronômico nascer foi considerado isso em 1950. B. thuringiensis é sem dúvida hoje o biopesticida mais comercializado no mundo (RIBA e SILVY, 1989) .

4. Bacillus thuringiensis

4.1. Morfologia

Bacilo thuringiensis é um bactéria grama positivo aeróbico e esporulado, nós O encontrar em praticamente todos os solos, água, ar e folhagem das plantas, na forma de um bastão de 5mm comprimento por 1 mm de largura e dotado de flagelos (BYE e DESCOINS, 1991). Tem a capacidade de matar insetos este efeito patogênico é devido a cristais de proteína que a bactéria sintetiza quando, em condições desfavoráveis, produz esporos (formas de resistência). Ingerido por o inseto, esses cristais liberar toxinas que destroem as células do seu trato digestivo, rápida cessação do consumo de alimentos e depois morte (DAHBIA, 1989). Ele existe de muitas variedades de Bacilo thuringiensis, cada não sendo tóxico que Para A número muito número limitado de espécies entomológicas.

4.2. Sistemático

- Reinado: Protistas

- Abaixo reinado: Procariontes

- Aula: Esquizomiceto .

- Ordem: Eubactérias

- Família: Baciláceas .

- Gênero: Bacilo

- Espécies: Bacilo thuringiensis

4-3- Usar

A bactéria entomopatogênica Bacillus thuringiensis foi o primeiro microrganismo homólogo Em O mundo como biopesticida (mas O primeiro tem Ter verão comercializado é o Lemoultine tem base cogumelo Isária denso, contra vermes brancos, começo de século 20). As primeiras aprovações datam da década de 1960 nos Estados Unidos e da década de 1970 na França. Preparações à base de Bacillus thuringiensis. Preocupam quase 90% do mercado de biopesticidas, pois esta bactéria se multiplica facilmente em fermentadores e está em a origem de produtos formulado estábulo (JERÔME et al., 2002). Segundo (DOUMANDJI-MITICHE, DOUMANDJI, 1993) mais de 150 espécies de insetos são sensíveis No Bacilo thuringiensis. De acordo com (JERÔME e outros, 2002), esta espécie pertence a três ordens; Lipedoptera , Coleoptera e Diptera. O Bacilo thuringiensis é fácil tem obter industrialmente e existir do unidades de produções nos EUA e na URSS, na Europa Oriental e na França. O Bacilo thuringiensis tem é objeto de um preparação comercializado abaixo O nome de bactospeína .

4-4-O toxinas de Bacilo thuringiensis

A toxina Bacillus thuringiensis, muitas vezes chamada simplesmente de Bt, é comumente usada como inseticida biológico. Do preparações comercial são disponível para erradicar lagartas e outras pragas de insetos (JEROME et al, 2002).Bacillus thuringiensis atos sobre O insetos por o intermediário de toxinas principal: A endotoxina amplamente incluída em uma crítica bipiramidal parasporal e a exotoxina termoestável específica para certas cepas. Este tem uma estrutura comparável à de um nucleótido que, para além dos seus efeitos insecticidas, lhe confere propriedades mutagénicas. É, portanto, excluído das preparações comerciais (RIBA e SILVY, 1989) . Segundo SEBESTA et al (1981), a exotoxina é liberada no ambiente extracelular pelas espécies de Bacillus. Thuringiensis durante da fase de crescimento exponencial.

Figura 8: corte ultrafino de um Cristal proteína Bacilo thuringiensis (JERÔME e tudo, 2002).

Modo 4-5 Ação

Segundo (JEROME et al, 2002) a atividade entompatogênica deste germe está ligada à presença desta inclusão parasporal (cristal) constituída por protoxinas também denominadas delta –endotoxinas. O cristais tenha o mais muitas vezes e de acordo com as cepas a atividade larvicida sobre diferentes espécies de insetos pertencentes a três ordens: Pidoptera , Colioptera e Diptera. Os cristais sintetizados pelas bactérias são constituídos por protoxinas que, uma vez ingeridas pelo inseto, são digeridas em ambiente alcalino por proteases digestivas e

transformado em toxinas polipeptídicas ativas. Delta-endotoxinas ativadas por proteases de insetos ligam-se a receptores específicos localizados nas células do epitélio intestinal, a intoxicação se manifesta muito rapidamente por lesões significativas no intestino e por paralisia do trato digestivo, levando à cessação imediata da atividade fonte de energia. A morte de o inseto intervém 24 tem 48 horas Depois ingestão cristais e talvez ou não acompanhada de sepse, os aspectos moleculares do mecanismo que levar à morte de insetos ainda não estão claramente definidos.

4-6-Vantagem E desvantagens de usar do Biopesticidas Vantagem

De acordo com CARLO E CODERRE (1992), usar do biopesticidas oferecer benefícios espetaculares a curto prazo:

1. Ele é de um tecnologia simples E BOM adaptado tem a economia global.
2. Este é o método Quem oferece o mais de solução real e sustentável principalmente devido ao automatismo, à variedade de especificidade da contabilidade intrínseca com a natureza e à sua capacidade de evoluir com e sem intervenção humana direta.
3. O percentagem de mortalidade Leste A critério de eficiência de esse método.
4. A grande especificidade Ação e assim em princípio um menor perigo Para saúde humana e integridade ambiental.
5. Estes são biopesticidas relativamente seguros e inofensivos para os vertebrados, plantas eles mesmo, ambiente E O pragas Não visadas.
6. O inseticidas microbiano pode ser facilmente produtos em grande quantidade por métodos tradicionais de fermentação.

Desvantagens

De acordo com CARLO e CODERRE (1992), lá especificidade do biopesticidas tem base de Bacillus thuringiensis confere-lhes vantagens económicas em comparação com os inseticidas tradicionais, sendo o mercado potencial menor para estes produtos:

1. O espectro Ação Leste estreito Para a abaixo- espécie dada bacteriana .
2. Lá toxina Leste inativado por lá luz ultravioleta.
3. Ele existir a possibilidade de resistência do insetos tem o inseticida microbiano.
4. O toxinas inseticidas deve ser ingerido Para ser eficaz.
5. O falta de conhecimento fundamental no biologia E epidemiologia dos microrganismos em causa.
6. A impossibilidade de produzir economicamente em massa diversos tipos patógenos potencialmente úteis.
7. A incerteza obter de níveis estudantes de mortalidade na casa de O pragas direccionada, ligada à impossibilidade de controlar todos os factores que determinam o sucesso da infecção, o desenvolvimento da doença e o declínio do hospedeiro.

5. Inseticida O Difluobenzurão : Não comercial DIMILIN

5.1. Perfil Técnico

Específico: lagartas de lepidópteros Dupla ação: larvas e ovos Eficácia : eficaz tem muito fraco dose Efeito duradouro

5.2. Registro de identidade

Formulação : suspensão concentrado (Sc) Composição: Difluobenzuron

Família : Benzoíla ureias

Classificação : toxicológico : Não classificado Origem: Holandês (CROMPTON) Apresentação: cristais incolores

Solubilidade : na água : 0,2mg/L tem 20 C°.(referência,)

5.3. Fórmula difluobenzurão químico

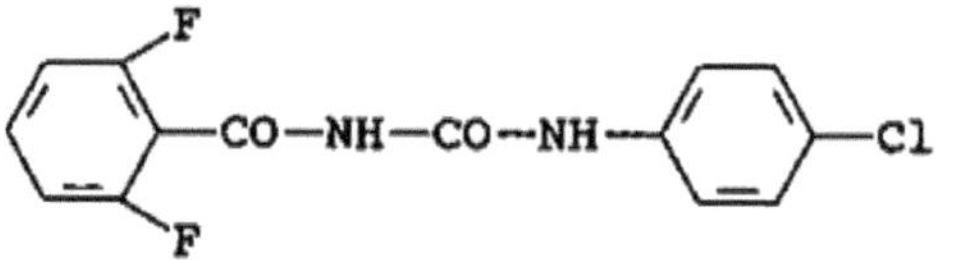

(referência)

5.4. Moda Ação

DIMILIN FLO Isso é A regulador de crescimento do insetos, presente dobro Ação

- Larvicida : por ingestão no larvas do lepidópteros (pirale do datas). bloqueia o ciclo de eliminação; sua atividade se manifesta durante a muda do inseto. A síntese da quitina é interrompida, causando sérios danos ao tecido endocuticular. .As larvas, que nascer não são morto Ou imediatamente paralisado , morrer em momento de na muda seguinte , a cutícula não resiste à tensão muscular e ao turgor durante a muda .

Ele n / D não Ou pequeno Ação sobre insetos adultos . Dimilina pode ser aplicado antes da pupação para pegue o melhor resultados possível, é é recomendado para aplicá-lo durante o (1° ao 3°) estágio larval, quando a mortalidade larval será maior. Se nós usado sobre No 4° estádios larvas, nós O irá prevenir de se transformar em pupas.

- Ovicida de contato : ele destrói o ovos arquivado Depois O tratamento em O folhas Ou As frutas . Ele é estável na folhagem, sua degradação no solo varia dependendo do teor de matéria orgânica.

Dimilin não tem efeito sobre insetos auxiliares que não consomem plantas tratadas e é pouco lixiviável. Pode ser aplicado da primavera ao outono. Para uma eficácia ideal, aplicar Dimilina em preventivo ou a aparência do primeiros lagartas, nascer Não deve ser aplicado ao estádios parentes de marketing porque este produto pode sujar as flores ou folhagens. (referência)

5.5. Como usar

- Preparação de lá mingau :
- BOM sacudir Antes abertura Para garantir a total desconto em suspensão.
- Dimilina FLO é usado em spray Depois diluição Em a água.
- Preencher O reservatório tem 1/2 eu de água.
- Colocar abaixo labuta E aplicar O tratamento.

CAPÍTULO III
MATERIAL E MÉTODO

Introdução

O experimento entender dois peças BOM distinto: tem saber Uma criação do mariposa de datas por lá presença de datas vermifugado e o estudo de a influência de três produtos no fase larval (L 3) por ingestão.

1. Material

- Para lá realização de Reprodução nós tem usado O material seguindo :
- datas vermifugado em quantidade enorme.
- Filme de plástico.
- Garrafas Para recuperação O adultos Para acasalamento.
- O tule em musselina tem malha multar.
- O caixas.
- Médio artificial (trigo +data) esmagado.
- A água.
- Resistência elétrico.
- Equilíbrio confidencial.

Figura 9 : Material de experimentação

2. O termos artificial

- Temperatura da ordem de 28 °C.

- Umidade incluído entre (60- 75%) garantido por A bandeja de água .

- Fotoperíodo de 16 horas claro E 8 horas escuro.

3. Método de criação

Para criar a mariposa temos que tem uma enorme quantidade de datas (variedades Deglet -Nour), esses durar estão dentro origem do palmeirais de (Sidi Okba e Tolga). O datas ter verão espalhar com um filme de plástico Em a pequeno quarto com o condições artificiais a determinar, nomeadamente uma temperatura ambiente de cerca de 28°C assegurada por uma resistência eléctrica, e uma humidade relativa de cerca de 70% segurado por um tanque de água permanentemente dentro da câmara de reprodução. Da aparência O adultos de mariposa datas nós tem para prosseguir para lá colheita do adultos alho mariposa. A coleta destes é realizada em garrafas plásticas feche com tule de musselina de malha fina. Depois 48 horas adultos colocam em cativeiro começará seu acasalamento dentro das garrafas. Depois 48 horas nós tem Continuar tem lá recuperação do ovos no caixas plásticos dos quais foram inicialmente colocados. Uma vez ovos recuperar estes durar foram colocados Em do caixas em plástico hermeticamente fechado contendo o meio artificial que consiste em trigo e tâmaras esmagadas e colocadas em temperatura tem o forno assentou tem 60°C a fim de de destruir todos formas parasita e ácaros, a mistura foi levemente embebida em água para proporcionar umidade relativa favorável ao desenvolvimento larval. Depois três semanas de incubação O ovos ter emergiu do larvas de diferente estádios, nós Este quem Nós preocupação Nós ter levado em conta O estádios L3. O escolha de estádio L3 justificar-se por se sensibilidade para tratamentos.Larvas de estádio L3 foi determinado com base no tamanho da cápsula cefálica.

4. Técnico de tratamento

O objetivo deste ensaio consiste em determinar e comparar,A eficácia de um entomopatógeno apenas o BT ou Bacilo thuriengiensis , associado com Dextrina e um inseticida regulador de crescimento Diflubenzurão, estes durar foi usado tem três doses diferente vis-à-vis larvas da mariposa.

4.1. Tratamento por Bacilo thuringiensis

Este produto é usado na forma de pó comercializado em microlepidópteros de um variedade de BT Ou Bacilo thuringiensis .O doses ter verão escolhido tem deixar do dose aprovada (50g/hl). 1ª ^{dose} = 0,25 g. 2° dose = 0,50 g. 3° dose = 0,75 g. O pós de BT ter verão pesagem por a equilíbrio sensível, cada dose tem verão misturar com água, e de acordo com as instruções do produto, para o nosso caso 0,5 litros de produto líquido, nós Levamos água destilada para evitar distúrbios que pudessem influenciar na mortalidade.

4.2. Tratamento por Bacilo thuringiensis com açúcar (Destrin)

Utilizamos a mesma técnica citada anteriormente, bem como as mesmas doses, só que neste caso adicionamos 5% de açúcar dextrina. Cada dose de BT foi ajustado com 5% de dextrina Então adicionado com um pouco de água destilado qualquer a suspensão de 0,50 L foi considerado suficiente para tal tratamento.

4.3. Tratamento por A inseticida regulador de crescimento O Diflubenzurão

O escolha de produto é justificado pelo fato de ele já está aprovado sobre Broca do datas tem uma dose de 40 g/hl. A escolha das doses. Foram escolhidas um total de três doses.

$1^{a\ dose}$= 0,2 g. 2° dose = 0,4 g. $3^{a\ dose}$= 0,6 g

4.4. Preparação larvas destino para tratamento

Da criação em massa selecionamos os estágios larvais L3 em quantidade suficiente a fim de de permitir deles infestações artificial Em O caixas já tendo passa por tratamento prévio com os produtos testado para inseticida e BT.

4.5. Modo de tratamento

Em do caixas cilíndrico em plástico abordado de um tampa perfurado ajuda de um pino para garantir a aeração, o substrato alimentar foi pesado a uma taxa de 30 g por caixa e já pulverizado por cada dose de cada produto. No total 05 larvas por caixa para evitar o fenômeno do canibalismo e na proporção de 03 repetições por dose).

O caixas são apostas depois de tratamento Em A lugar obscurecer.

5. Fazendas do dados

5.1. Correção de lá mortalidade

O percentagem de mortalidade observado no larvas processado É estimado aplicando a seguinte fórmula: Mortalidade observado =Número do pessoas morto* 100 / Número total indivíduos. Mortalidade observada e depois corrigida pela fórmula ABBOT 1925.

$$MC = \frac{M_2 - M_1}{100 - M_1} * 100$$

M1 : percentagem de lá mortalidade Em O testemunhas. M 2 : percentual de mortalidade nos tratados. CM: percentual de mortalidade corrigida.

5.2. Análise de a variação

De acordo com Dagnelie 1975, análise do variação de um Series estatística Ou de um distribuição frequência é a média aritmética do quadrado do brecha tipo por relatório tem a média. O limiar 5% é adotado no presente estudo para confirmar a eficácia dos tratamentos e doses. Para esta etapa foi utilizado o software STATITCF.

CAPÍTULO IV
RESULTADOS E DISCUSSÕES

1. Efeito de bacilo thuringiensis sobre estádio larval (L3) de Ectomeelose ceratoniae .

Em esse papel nós estudar eficiência de um variedade bacteriano Bacilo parafuso thuringiensis tem parafuso do larvas de lá mariposa do datas Em condições de laboratório, a aplicação de Orgânico pesticida tem dado do mortalidades diário Quem são instruções Em O pintura No Abaixo :

Pintura 2: Mortalidade diariamente, mortalidade média E mortalidade corrigido cumulativo em porcentagem de estágio larval L3 tratado por Bacillus thuringiensis

	DIAS	1	2	3	4	5	6	7
Dose1	T	5	8	9	9	10	11	11
	R1	10	17	18	19	25	25	31
	R2	8	11	18	20	25	27	33
	R3	7	13	17	22	22	26	29
	M	7,6	12,25	15,5	17,5	20,5	22,5	29
	M%	16,66	27,33	35,33	40,66	48	52	62
	CM%	12,27	21,01	28,93	34,79	42,22	46,06	57,3
Dose2	T	0	3	7	9	10	12	12
	R1	16	21	25	29	29	30	33
	R2	17	24	23	28	29	31	33
	R3	13	21	24	26	31	31	33
	M	11,5	17,25	19,75	23	24,75	26	27,75
	M%	30,66	44	48	55,33	59,33	61,33	66
	CM%	30,66	42,26	44,08	50,91	54,81	56,05	61,36
	T	2	9	9	10	11	12	13
	R1	20	23	27	30	31	34	35
	R2	15	23	27	30	31	34	36

	R3	15	25	29	30	33	34	36
	M	13	20	23	25	26,5	28,5	30
Dose3	M%	33,33	47,33	55,33	60	63,33	68	71,33
	CM%	31,96	42,12	50,91	55,55	58,79	63,63	67,04

O estudo de lá mortalidade corrigido provocado por lá dose 1 de Relógio Bacillus thuringiensis A avaliar de baixa mortalidade durante o primeiro dias está aumentando No pelagem e para medir atingir 57,3% no 7° dia.

Mortalidade corrigido causado por lá dose 2 de o entomopatógeno testado assistir A avaliar mortalidade relativamente alta em comparação com a anterior, variou entre 30,66 a 44,08% no THE 4° dia alcançar 55,33% e aumenta gradualmente 66% Em O 7° dia. Em na verdade, o exame da mortalidade corrigida causada pela dose 3 de Bacillus thuringiensis mostra uma taxa de mortalidade relativamente elevada em comparação com as doses 1 e 2. Aumenta gradualmente até atingir 67,4% em 7 ° dia. O pintura 2 assistir Também que ele existir A efeito de dose muito notável, em afetar o a mortalidade aumenta de acordo com as doses afetadas.

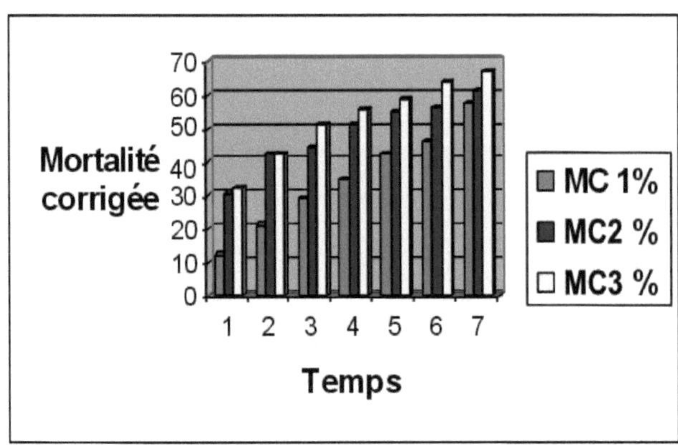

Figura 10 : Mortalidade Diário corrigido de estádio L3 de E Tomyelois ceratoniae por Bacillus thuringiensis

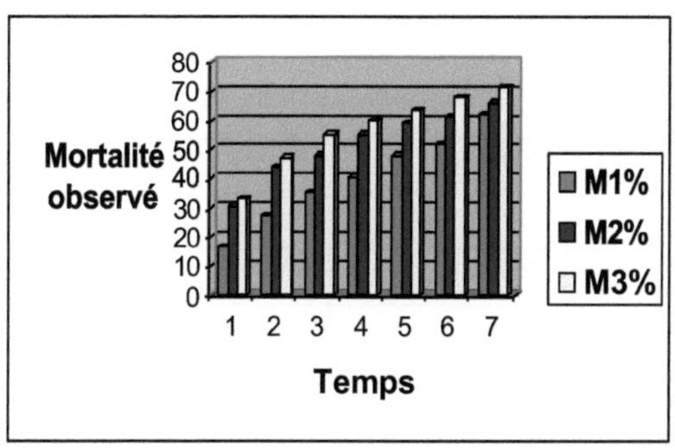

Figura 11 : Mortalidade Diário observado de estádio L3 de ec tomyelois ceratonia Por Bacillus thuringiensis

1.1. Análise de variação

Tabela 3 : Análise de variação de o efeito de Bacilo thuringiensis sobre estádio larval eu 3 de Ectemyelois ceratonia

	SCE	DDL	Quadrado MÉDIA	Teste F	PROBA	E	retomar	Resultado
VAR: TOTAL	3366,22	62	54,29					
VAR: F1	771,46	2	385,73	171.13	0,0000			TH S
VAR: F2	2448.22	6	408.04	181.03	0,0000			THS
ERA: inter F1. F2	51,87	12	4.32	1,92	0,05970			E
ERA : Residuall	94,67	42	2,25			1,5	6,0%	

Análise de variação do efeito do Bacillus thuringiensis no estágio larval L 3 de Ectomyleois ceratonia destaques o carteiro dose F1 Quem exercícios a eficiência muito altamente significativo com probabilidade de 0,0000. No entanto, a análise do variação Para o carteiro tempo Leste muito altamente significativo Ou a probabilidade 0,0000 mas para a interação F1.F2 mostra que há um efeito não

significativo de a ordem 0,05970.

1.2.Teste de NOVO HOMEM E KEULS

Tabela 4 : Classificação de médias Para O fator 1 : dose

F1	ETIQUETAS	MÉDIAS	GRUPOS HOMOGÊNEO
3	D3	2,48	TEM
2	D2	26.05	B
1	D1	20.14	VS

De acordo com O teste de NEWMAN-KEULS, existe três grupos homogêneo, O banda TEM representado lá dose 3, O banda B representado lá dose 2 e o banda VS Quem representado lá dose 1 Ou lá dose 3 mais eficaz que lá dose 2 e 1. Esse Quem permitir de O classificar por grau de eficiência.

Tabela 5 : Classificação médias Para O fator2: tempo

F2	ETIQUETAS	MÉDIAS	GRUPOS HOMOGÊNEOS
7	J7	33.22	TEM
6	J6	30.22	B
5	J5	28.44	VS
4	J4	26h00	D
3	D3	23.11	E
2	J2	19,78	F
1	D1	13.44	G

De acordo com mesa esse Depois, ele existir Sete grupos homogêneo, O durar dia marca aí a mortalidade média elevada é (33,22%) mas o primeiro dia marca o muito mortalidade média baixa (13,44%).

2. Efeito de Bacilo thuringiensis parceiro tem 5% Dextrina sobre Estágio larval L3.

Em esse papel, três doses de Bacilo thuringiensis associados tem 5% Dextrina foi testado em larvas de mariposa (L3).

Pintura 6 : resultados global de tratamento por Bacilo thuringiensis parceiro tem 5% Dextrina.

	DIAS	1	2	3	4	5	6	7
Dose1	T	5	8	9	9	10	11	11
	R1	10	19	19	21	23	30	33
	R2	16	16	20	25	27	30	33
	R3	11	21	23	24	27	30	32
	M	8	16	17,75	19,75	21,75	25,25	27,25
	M%	18	37,33	41,33	46,33	51,33	60	65,33
	CM%	13,68	31,88	35,52	41,38	45,92	55,05	61,04
Dose2	T	0	3	7	9	10	12	12
	R1	14	19	24	27	30	34	37
	R2	17	21	24	26	28	32	34
	R3	19	20	24	26	28	32	34
	M	12,5	15,75	19,75	22	24	27,5	29,25
	M%	33,33	40	48	52,66	57,33	65,33	70
	CM%	33,33	38,14	44,08	47,97	52,58	60,6	65,9
Dose3	T	2	9	9	10	11	12	13
	R1	16	22	25	27	30	35	40
	R2	19	22	25	27	30	36	38
	R3	19	21	25	26	31	35	40
	M	14	18,5	21	22,5	25,5	29,5	32,75
	M%	36	43,33	50	53,33	60,66	70,66	78,66
	CM%	34,69	37,72	45,05	48,14	55,79	66,65	75,47

O exame do mortalidades corrigido causado por lá dose 1 de Parceiro Bacillus thuringiensis tem 5% de dextrina mostra uma mortalidade da ordem de 13,33% no primeiro dia e aumenta gradativamente até atingir 61,04% no 7 ° dia. O exame do resultados de mortalidade corrigido causa por lá dose 2 assistir que um mortalidade 33,33% Em O primeiro dia E aumentar No pelagem tem medir Para atingir 65,9% no 7º dia. O avaliar de mortalidade corrigida check-in Para lá dose 2 é mais importante por relação a lá dose 1. Assim a taxa de mortalidade corrigida na dose 3 continua a ser a mais elevada com uma taxa de mortalidade em torno de 75,47%, esta taxa continua mais elevada em comparação com as doses 1 e 2

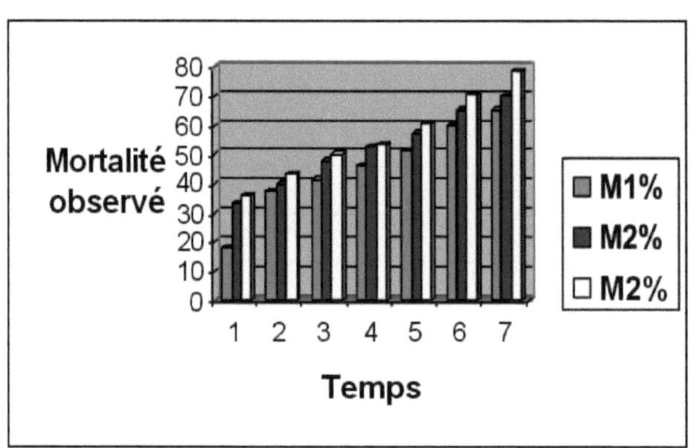

Figura 12 : Mortalidade Diário observado de estádio L3 de Ectomeelose ceratonia por Bacilo thuringiensis parceiro tem 5% Dextrina

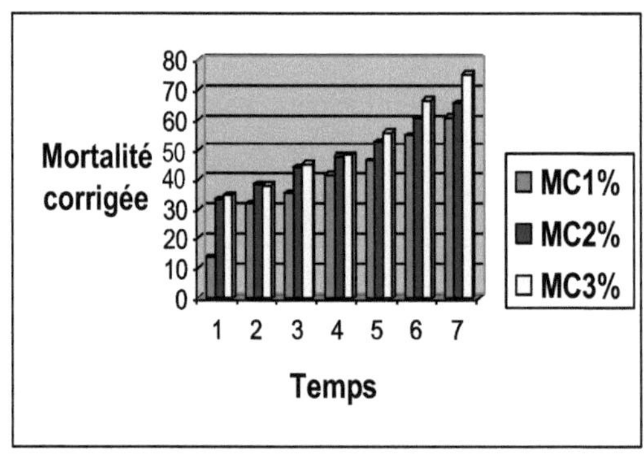

Figura 13: mortalidade diária corrigido de estádio L3 de Ectomeelose ceratonia por Bacillus thuringiensis associado a 5% de dextrina

2.1. Análise de variação

Tabela 7 : Análise do variação do efeito de Bacilo thuringiensis parceiro tem 5% Dextrina no estágio larval L3.

	SCE	DDL	Quadrado MÉDIA	Teste F	PROBA	E	retomar	Resultado
VAR: TOTAL	2.991,71	62	48,25					
ONDE: F1	236,86	2	118,43	49,74	0,0000			ISTO
ONDE: F2	2629,49	6	438,25	184.06	0,0000			ISTO
ONDE: inter F1. F2	25.36	12	2.11	0,89	0,5661			E
VAR: Residual1	100,00	42	2,38			1,54	6. 0%	

A análise de variância mostra que os factores dose e tempo são altamente significativos. Com a probabilidade de 0,0000 mas a interação F1 .F 2 mostra lá tem um efeito não significativo ou seja, uma probabilidade de ordem 0,5661.

2.2. Teste de NOVO HOMEM E KEULS

Pintura 8: Classificação médias Para O carteiro 1 : dose

F1	ETIQUETAS	MÉDIAS	GRUPOS HOMOGÊNEO
3	D3	28.05	TEM
2	D2	26.19	B
1	D1	23h33	VS

Esse teste permite que você constituir três grupos homogêneo. O eficiente Leste muito líquido Para O banda Para o qual representa a dose 3.

Tabela 9 : Classificação de médias Para O carteiro 2 : tempo

F2	ETIQUETAS	MÉDIAS	GRUPOS HOMOGÊNEOS
7	J7	35,67	TEM
6	J6	32. 67	B
5	J5	28.22	C
4	J4	25.44	D
3	J3	23.22	E
2	J2	20.11	F
1	J1	15,67	G

O exame de pintura acima mostra a existência de sete grupos homogêneo, o toxicidade é revelado por o grupo TEM Quem representa o último dia em que registramos uma taxa de mortalidade de 35,67% por outro lado o primeiro dia foi representado pelo último grupo G onde a taxa de mortalidade registrada é a mais baixa, ou seja, 15,67%.

3. Efeito de regulador de crescimento Diflubenzerona .

Em esse papel ,nós estudar eficiência de três doses de um Regulador de diflubenzerona em relação às larvas (L3) de Ectomyelois ceratonia Zeller. Após os tratamentos, os resultados são registrados na tabela a seguir.

Tabela 10: Resultados global de tratamento por Diflubenzerona .

	DIAS	1	2	3	4	5	6	7
Dose 1	T	5	8	9	9	10	11	11
	R1	4	5	8	11	14	18	20
	R2	2	5	8	12	14	18	20
	R3	1	6	8	9	12	18	20
	M	3	6	8,25	10,25	12,5	16,25	17,75
	M%	4,66	10,66	16	21,33	26,66	36	40
	CM%	1,02	2,89	7,69	13,54	18,51	28,08	32,58
Dose 2	T	0	3	7	9	10	12	12
	R1	6	8	12	16	17	23	25
	R2	2	6	12	16	17	23	25
	R3	2	6	10	16	16	20	22
	M	2,5	5,75	10,25	14,25	15	12,5	21
	M%	6,66	13,33	22,66	32	33,33	44	48
	CM%	6,66	10,64	16,83	25,27	25,59	36,36	40,9
Dose 3	T	2	9	9	10	11	12	13
	R1	7	8	14	19	20	24	26
	R2	4	8	14	15	18	24	26
	R3	2	7	13	14	16	24	26
	M	3,75	8	12,5	14,5	16,25	21	22,75
	M%	8,66	15,33	27,33	32	36	48	52
	CM%	6,79	6,95	20,14	24,44	28,08	40,9	44,82

O exame da tabela abaixo mostra que a mortalidade corrigida causada pela dose 1 de Diflubenzeron é muito fraco no 3 primeiros dias (1,02%, 2,89%, 7,69%), acaba aumentando gradativamente até atingir 32,58% Para o 7º dia . Mortalidade corrigida causada pela dose 2 no primeiro é da ordem de 6,66%, este último aumenta ligeiramente em relação 2º dia chegar a 10,64%, a partir do 7º dia mortalidades relatado alcançado avaliar da ordem em 40,9%, ele está em aponta que apenas o a dose 3 permanece mais eficaz em comparação com as doses 1 e 2 dela a taxa atingiu 44,82%.

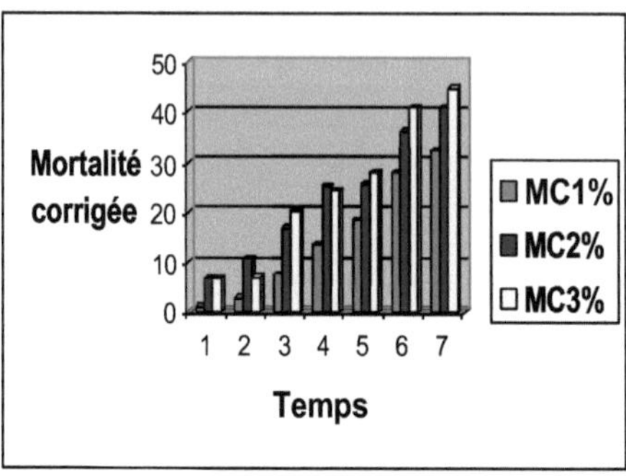

Figura 14: Mortalidade Diário corrigido de estádio L3 de Ectomyleois ceratonia provocado por O regulador de crescimento O Diflubenzerona

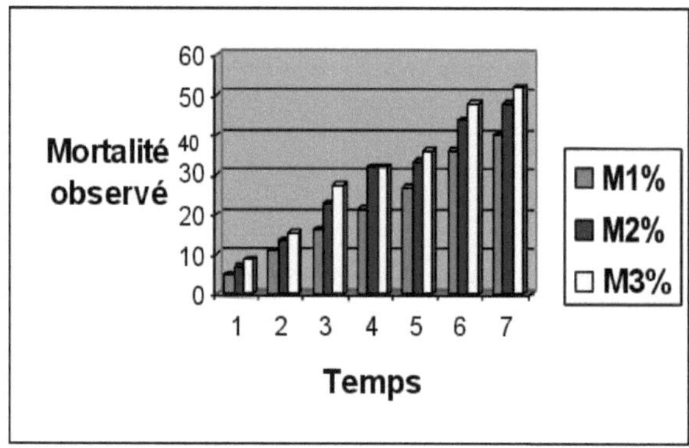

Figura 15: Mortalidade Diário observado de estádio L3 de Ectomyleois ceratonia por regulador de crescimento Diflubenzerona .

3.1.Análise de variação

Pintura 11: Análise de lá variação de eficiência de Diflubenzerona sobre O sobre estádio larval L3.

	SCE	DDL	Quadrado MÉDIA	Teste F	PROB A	E, T	Retomar	Resultado
ONDE : TOTAL	3245,6 5	62	52,3 5					
ONDE: F1	230,89	2	115,44	62,7	0,0000			ISTO
ONDE: F2	2901.8 7	6	483,65	262,67	0,0000			ISTO
ONDE: inter F1.F2	35,56	12	2,96	1,61	0,1257			
VAR: Residual1	77,33	42	1,84			1,36	9,9%	

O pintura 11 mostre isso O fatores dose e tempo são muito altamente significativo com a probabilidade da ordem de 0,0000 mas a interação F 1 .F 2 mostra que ele sim tem um efeito não significativo e permanece relativamente superior a 0,05.

3.2. Teste de NOVO HOMEM E KEULS

Tabela 12 : Classificação do médias Para O carteiro 1 : dose

F1	ETIQUETAS	MÉDIAS	GRUPOS HOMOGÊNEO
3	D3	15,67	TEM
2	D2	14h29	B
1	D1	11.1	VS

Três grupos homogêneos TEM, B, vs. O exame de Teste Newman faz saiu lá dose 3 representado pelo banda TEM é aqui mais eficaz que o dose 2 e finalmente lá dose 1 continua sendo o menos eficaz

Pintura 13 : Classificação de médias Para o fator2 : tempo

F2	ETIQUETAS	MÉDIAS	GRUPOS HOMOGÊNEOS
7	J7	23h33	TEM
6	J6	21h33	B
5	J5	16	VS
4	J4	14.22	D
3	J3	11	E
2	J2	6,56	F
1	J1	3 .3 3	G

As médias revelam sete grupos homogêneos, o primeiro grupo A representa o último dia eficaz que outro grupos Ou ele representado 23,33% de mortalidade.

Discussão

Durante este trabalhar essencialmente dedicado ao estudo e avaliação da toxicidade de uma cepa comercializado de um entomopatogênico Bacilo thuriengiensis sozinho, Então adicionado a 5% de dextrina e um regulador de crescimento Diflubenzuron no estágio L3 de uma praga de tâmaras Ectomeelóide ceratoniae .

Bacillus thurigiensis ensaio de tratamento com solução bacteriana em três diferente doses observado anteriormente o mortalidades corrigido mais importante na dose 3 correspondente (67,04%) ao 7° dia. Nós notas que mortalidades correspondente na dose: D3 são superiores tem aqueles de D1 e D2. Nosso observações diário Nós ter permitir de comentar que primeiros mortalidades aparecem desde o primeiro dia após o tratamento com a bactéria. No entanto, a cepa bacteriana Bactospeine , produto comercial à base de Bacillus thuriengiensis , isso é mostrando suficiente eficaz cativante a mortalidade larval indo até 68%, estes estão de acordo com os resultados obtidos por (JARARAYA 2003). DHOUIBI (1992) observa que o impacto real deste produto em termos de datas permanece relativamente baixo, e observe que O avaliar de frutas torto apenas diminuindo de 30% aproximadamente por relatório No testemunha, e explica por sua vez que a relativa eficácia se deve tanto ao método de aplicação (tratamento aéreo) como ao comportamento alimentar da lagarta, tendo em conta que esta leva uma vida principalmente endofítica, está protegida de qualquer contacto com a toxina. Por sua vez (ABDEL-RAZEK, 1998) confirma que formulações à base de Bacillus thuriengiensis var Indiana E var morrisoni são mostrados muito eficaz no que diz respeito aos de um alimento armazenado microlepidopetra Cadra cautela . Com efeito, embora a taxa de mortalidade registada por esta bactéria nos pareça de pouca importância face ao que expectativas. Conta do modo de aplicação que foi a pulverização do produto alimentício, acreditamos que apenas as partes encharcadas retiveram a esporos entopatógenos , também as larvas ingerido a papel de substrato comendo Quem não continha esporos, estes é comparável com o trabalho de (SCALO et al, 1997) que mostraram que a taxa de mortalidade está relacionada ao modo de aplicação , Por isso eles observe que em agrupamentos pulverizado do avaliar mortalidade menos importante por relação a do agrupamentos completamente encharcado e esses para o rolos de folhas do aglomerado, um lepidóptero próximo ao nosso inseto. Quanto a o teste de toxicidade de esse entomopatogênico parceiro tem 5% de Dextrina O resultados tenho relógio Esse Quem segue. Mortalidade Em lá dose 1 corresponder (61,04%), lá dose 2 (65,9%) mas lá dose 3 mais importante com mortalidade 75,74%. O exame do resultados mencionados esse -Depois revela que a adição de A dextrina influencia efetivamente a taxa de mortalidade das larvas, acontece que a mariposa tem o poder de ingestão bastante mais importante em assimilando O Açúcar dextrina Esse Quem induz um toxicidade grave, nossos resultados são semelhantes aos de (SCALO et al, 1997). Este último mostrou que a adição de 1% de açúcar tipo Ciclodextrina à mistura de tratamento aumentou claramente a eficácia do certas estirpes de Bacillus, particularmente num leafroller Cochylis , deve notar-se que a mortalidade de certas estirpes testadas por estes autores atingiu 100 %. A toxicidade de um regulador de crescimento Diflubenzuron mostra taxas de mortalidade relativamente baixas em três doses diferente ; D1, D2 e D3, sobre O larvas do mariposa (L3). em comparação com os do entomopatógeno testado. Nosso observações mostrou que lá toxicidade de Diflubenzurão ficar Significativamente menor para aqueles Bacillus é testado sozinho e em Adição com Dextrina. Sabendo que não tem efeito de choque (ALLACHE, com, Pers), certamente com o modo de ação deste regulador de crescimento, este último bloqueia a muda da fase larval à ninfa. Conta tênue de não disponibilidade do funciona de Esse regulador de crescimento contra Após a mariposa, nos concentramos em comparar nossos dados com os da literatura sobre outras pragas. O moda Ação de esses reguladores alterar consideravelmente em reduzindo O contente em lipídios, proteínas E em carboidratos tem deixar de 4º dia ingestão, (BOUDEBOUS E DJOUMEH, 1995) demonstrou esse efeito no mulheres adultos de Tenebrio molitor tratado por ingestão de um dose de 10mg/g, de dela lado (SOLTANI-MAZOUNI, 1994) observaram as mesmas alterações em pupas deste mesmo besouro. Outros estudos realizados em lepidópteros Lymantria dispar tratados por ingestão no estágio L3 a uma taxa de 500 mg/l (OUAKID, 1991), observações semelhantes foram observadas no Cydia pomonella por aplicação de uma dose de 0,5 mg de Diflubenzuron em pupas jovens Por em outro lugar, ele parece que esses compostos afetar o metabolismos ovários, são análogos do hormônio juvenil (SOLTANI, 1998).

CONCLUSÃO EM GERAL

Em O quadro de Esse trabalhar nós adotado tem o estudo eficiência biopesticida tem base de Bacillus thuringiensis sozinho, Bacilo thuringiensis parceiro com 5% de açúcar Dextrina e o inseticida Difluobenzeron no estágio larval de mariposas Ectomyelois ceratoniae.O resultados Quem Nós ter obtido como seguindo : Eficiência de Bacilo thuringiensis no estádio larval L3 assistir a mortalidade altamente significativo em relação às três doses mas a dose 3 é mais eficaz que as outras doses. avaliar de mortalidade Em lá dose 3 (67,04%) mas no dose 2 (61,63%) e no dose 1 (57,3%). Eficiência de Bacilo thuringiensis parceiro com açúcar Dextrina 5% Leste mais eficaz aquele Bacilo thuringiensis sozinho. Mortalidade no dose 3 (75,47%) e no dose 2 (65,9%) e a dose 1 (61,04%). Difluobenzerona possui a eficiência mais menor que Bacilo thuringiensis sozinho e Bacillus thuringiensis associado à Dextrina 5%. O avaliar de mortalidade Em lá dose 3 (44,82%) mas no dose 2 (40,9%) e no dose 1 (32,58%). Ele Nós apareceu em NOSSO trabalhar que a luta biológico por Bacilo thuringiensis possui maior eficácia do que o controle químico na eliminação da nocividade das larvas da mariposa Ectomyelois ceratoniae .

RESUMO

Printed by Books on Demand GmbH, Norderstedt / Germany